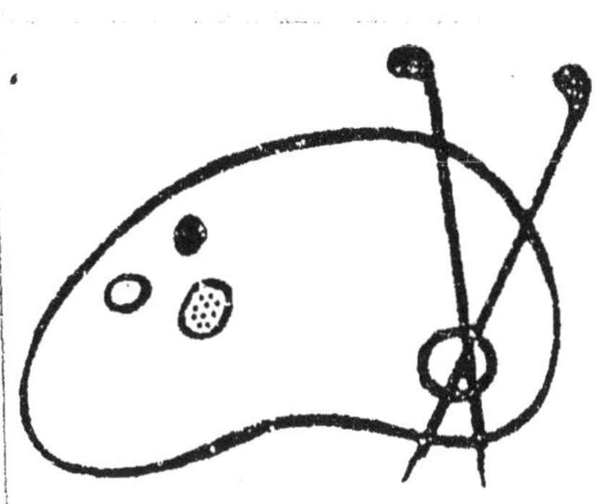

Début d'une série de documents
en couleur

N° 72 Prix : 10 centimes.

INDUSTRIE

LES LOCOMOTIVES

L. BOULANGER, éditeur 90, boul. Montparnasse, PARIS.

LE LIVRE POUR TOUS

VOLUMES PARUS

1. Hygiène : *La santé.*
2. Médecine : *Les maladies et les remèdes.*
3. Science : *La photographie.*
4. Littérature : *La littérature française.*
5. Géographie : *L'Afrique française.*
6. Armée : *Le service militaire.*
7. Science : *L'astronomie.*
8. Histoire : *Histoire romaine.*
9. Horticulture : *Les fleurs.*
10. Travaux manuels : *La couture.*
11. Hygiène : *Les falsifications.* Aliments.
12. Hygiène : *Les falsifications.* Boissons.
13. Armée : *Les écoles militaires.* Saint-Cyr.
14. Finances : *Les douanes.*
15. Enseignement : *Grammaire anglaise.*
16. Médecine : *Anatomie et physiologie.* Appareil digestif.
17. Économie sociale : *Les impôts.*
18. Science : *Éléments d'arithmétique.*
19. Littérature : *La littérature française.* Le xvie siècle.
20. Économie sociale : *L'épargne.*
21. Droit : *La justice de paix.*
22. Géographie : *L'Europe.*
23. Économie sociale : *Les assurances.*
24. Science : *L'électricité.*
25. Beaux-Arts : *La peinture sur porcelaine.*
26. Agriculture : *Les engrais.*
27. Littérature : *La littérature française.* xviie siècle, 1re période.
28. Économie domestique : *La cave et les vins.*
29. Droit civil : *Les enfants.*
30. Science : *Botanique,* 1re partie.
31. Hygiène : *La première enfance.*
32. Arts d'agrément : *Les feux d'artifice.*
33. Science : *La chimie.*
34. Horticulture : *Les arbres fruitiers.*
35. Droit civil : *Le mariage.*
36. Géographie : *La Russie.*
37. Agriculture : *La viticulture.*
38. Arts d'agrément : *La pêche.*
39. Littérature : *La littérature française.* xviie siècle, 2e période.
40. Science : *Botanique.* La vie des plantes, 2e part. Fleurs et fruits.
41. Science : *Les microbes.*
42. Arts d'agrément : *La chasse.*
43. Géographie : *L'Allemagne.*
44. Histoire : *La France,* 1re partie.
45. Littérature : *La littérature française.* xviiie siècle.
46. Science : *L'homme préhistorique.*
47. Géographie : *L'Océanie.*
48. Littérature : *La littérature française.* xixe siècle.
49. Histoire : *La France,* 2e partie.
50. Enseignement : *Grammaire anglaise.* Syntaxe et prononciation.
51. Science : *Cosmographie,* 1re part.
52. Science : *Cosmographie,* 2e partie.
53. Métiers : *L'imprimerie.*
54. Histoire : *Histoire de France.*
55. Métiers : *La typographie.*
56. Cuisine : *L'office.*
57. Travaux manuels : *Le tricot.*
58. Cuisine : *Les viandes,* tome I.
59. Cuisine : *Les viandes,* tome II.
60. Histoire : *Histoire ancienne.*
61. Science : *Torpilles et torpilleurs.*
62. Médecine : *La rage et l'Institut Pasteur.*
63. Armée : *Les fusils à répétition.*
64. Science : *Les tremblements de terre.*
65. Armée : *Les projectiles.*
66. Science : *Les ballons dirigeables.*
67. Armée : *Les mitrailleuses.*
68. Science : *L'électricité au théâtre.*
69. Industrie : *Le canal de Suez.*
70. Industrie : *Les aiguilles.*

POUR PARAITRE

71. Armée : *Les canons.*
72. Industrie : *Les locomotives.*
73. Science : *La lumière électrique.*
74. Industrie : *Les mines.*
75. Viticulture : *Le phylloxera.*
76. Industrie : *Le tissage de la soie.*
77. Grandes écoles : *La manufacture de Sèvres.*
78. Hygiène : *L'alcool.*
79. Grandes écoles : *Les Gobelins.*
80. Beaux-Arts : *Les faïences anciennes.*

10 centimes le volume.

LE LIVRE POUR TOUS

Aujourd'hui un livre, quel qu'il soit, ne peut compter sur un grand succès durable que s'il est tellement *bon marché* que tout le monde puisse l'acheter sans compter, s'il est *tellement intéressant* et utile, que tout le monde dise : « *Je veux le lire, l'avoir et le garder.* »

Or il n'y a pas de livres d'un intérêt plus réel, d'une utilité plus pratique et plus constante que ceux qui fournissent des *renseignements précis et complets* sur ce que tout le monde veut savoir et doit connaître.

Mais ces livres d'information et de référence ne sont vraiment bons qu'à la condition d'être des guides toujours sûrs, des conseillers toujours prêts à répondre exactement aux nombreuses questions que l'on a sans cesse à résoudre. Ils doivent être méthodiques, exacts, clairs, faciles à manier, commodes à emporter partout avec soi. Ils doivent en outre constituer dans leur ensemble la meilleure et la plus parfaite des encyclopédies; et en même temps chacune de leurs parties doit former un tout distinct, de telle sorte que celui qui veut se contenter de cette partie unique y trouve tout ce dont il a besoin.

Un dictionnaire ne peut réunir ces avantages : s'il est volumineux, il est cher et par conséquent pas à la portée de tous; s'il est petit, il est restreint, et les articles en sont nécessairement écourtés, incomplets. De plus le dictionnaire renvoie d'un mot à l'autre, il ne peut se lire à la suite, il contient des redites. Les manuels, les traités sont évidemment plus utiles, mais ils sont d'ordinaire d'un prix élevé, surtout quand il s'agit de questions spéciales ou scientifiques ou techniques.

Nous avons pensé qu'il restait à créer une collection réunissant, à la fois, l'utilité des dictionnaires et celle des manuels, et d'un prix si minime que tout le monde puisse se la procurer.

Nous avons donné à cette collection un titre général disant d'un mot ce qu'elle est :

Le Livre pour tous, c'est-à-dire le livre indispensable à tout le monde, le livre auquel on doit avoir recours en toute occasion et qui mérite toute confiance.

Le Livre pour tous donne à tous les connaissances nécessaires à tous. Il est le vade-mecum de toute instruction pratique, le répertoire de toutes les sciences usuelles.

Le Livre pour tous est le livre de tous ceux qui travaillent, qui étudient, qui s'informent, qui veulent s'éclairer, c'est-à-dire tout le monde.

Ce qui distingue notre collection de toutes celles que l'on a publiées dans le même genre et ce qui fait sa supériorité sur toutes les compilations adressées aux lecteurs sous prétexte de vulgarisation, ce qui doit lui donner la préférence sur les dictionnaires et les manuels, c'est, nous le répétons :

1° Le *bon marché*. Chacun de nos volumes ne coûte que 10 centimes, et contient comme texte le tiers d'un volume ordinaire de 300 pages vendu 3 fr. 50 et même de 4 à 6 francs.

2° L'*abondance et l'exactitude des renseignements*. — Chacun de nos volumes est rédigé avec le plus grand soin par des auteurs compétents d'après les travaux les plus récents et les plus autorisés.

3° La *commodité du format*. — Chacun de nos volumes peut facilement tenir dans la poche, on peut l'emporter avec soi à la promenade, le lire en voiture, en omnibus, en chemin de fer.

4° La *clarté du texte*. — Les volumes sont imprimés en caractères neufs, lisibles sans fatigue, et les matières sont disposées de telle sorte que d'un coup d'œil on trouve ce que l'on cherche.

5° La *valeur documentaire*. — Chaque volume forme un tout; mais l'ensemble des volumes forme une encyclopédie. Dans chaque volume, chaque sujet est traité à fond. De plus chaque volume est accompagné de documents, de tables de références, de tables statistiques, etc., qui sont d'un usage précieux.

Il suffit d'avoir sous les yeux un seul de nos volumes pour se rendre compte de l'importance de notre collection et des services qu'elle rend.

Tous les volumes de la collection sont rédigés avec le même soin, d'après la même méthode et dans le même but d'utilité.

N. B. **Le Livre pour tous** *peut être mis dans toutes les mains. C'est la meilleure récompense à donner aux élèves dans toutes les écoles. C'est la collection la plus utile à tout le monde.*

L'éditeur-gérant : L. BOULANGER.

Sceaux. — Imp. Charaire et Cie.

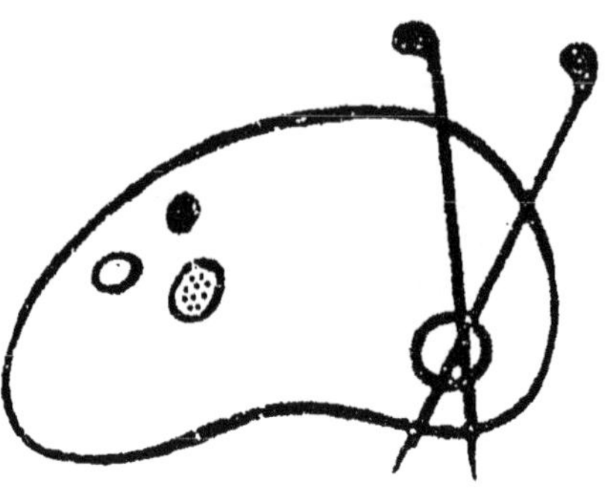

Fin d'une série de documents
en couleur

LES LOCOMOTIVES

LES LOCOMOTIVES

Bien que nous ne veuillions nous occuper ici que de la locomotive moderne, ce merveilleux moteur dont la puissance s'accroît tous les jours, à ce point qu'on pourrait le croire à peu près sans limites, nous dirons, cependant, quelques mots de celles qui l'ont précédés, ne fût-ce que pour jalonner les progrès accomplis.

On sait que la locomobile est née du fardier que Cugnot expérimentait sur les routes ordinaires dès 1769, lourde voiture à vapeur que l'on peut voir encore au Conservatoire des arts et métiers, mais elle ne fut réellement viable qu'en 1829, lorsque Stephenson, utilisant l'invention de la chaudière tubulaire, faite par l'ingénieur français Seguin, construisit la *Fusée*, première locomotive digne de ce nom.

Suivons-en néanmoins la genèse.

MACHINE TREWITHICK ET VIVIAN

En 1804, les constructeurs anglais Trewithick et Vivian établirent une machine ambulante, destinée à la traction sur des rails en bois, et qui fonctionna régulièrement, ou à peu près, sur le chemin de Merthyr-Teydwill, dans le pays de Galles.

Cette machine, lourde, informe, marchait avec la vitesse d'un cheval de roulage et remorquait, en guise de tender, un wagon de charge portant des soufflets, actionnés par la machine, et ayant pour mission d'activer le feu de la chaudière, qui était placée à l'arrière, à peu près comme dans la machine de Cugnot.

Le progrès n'était pas merveilleux, mais il fit du bruit et, les voies ferrées étant généralement adoptées en Angleterre pour le service des charbonnages importants, nombre d'inventeurs surgirent; mais leurs efforts furent enrayés par une difficulté, qui leur paraissait d'autant plus insurmontable qu'elle était imaginaire.

On avait admis alors comme un principe que les roues de la locomotive, portant sur les rails polis, n'y trouveraient pas un point d'appui suffisant pour faire avancer la machine et le train qu'elle doit remorquer, et à l'exemple de Trewithick et Vivian, qui avaient recommandé de rendre les jantes des roues suffisamment raboteuses pour qu'elles ne glissent pas sur les rails, tous les constructeurs s'ingénièrent à enchérir sur ce système, sans s'apercevoir qu'ils créaient des obstacles à leurs locomotives.

C'est ainsi qu'en 1811 Blenkinsop crut avoir trouvé la solution du problème en imaginant des rails dentés en crémaillères, s'engrenant avec les roues également dentées de la locomotive.

Sa machine, — représentée ci-contre, et dont il faut bien parler un peu, d'autant que jusqu'à Stephenson, toutes les autres machines lui ressemblèrent à peu près, — se composait d'un corps cylindrique horizontal, traversé par un gros tube dans lequel était placé le foyer et qui débouchait dans la cheminée.

Locomotive à roues dentées de Blenkinsop.

Deux cylindres verticaux, placés au-dessus de la chaudière et dont les pistons étaient à travail alternatif, transmettaient le mouvement à la roue dentée, à l'aide de bielles, de manivelles et de pignons d'engrenage; les manivelles commandant les deux pignons étaient calées à angle droit, l'une par rapport à l'autre, pour faciliter le passage des points morts.

Cette machine fonctionna avec un succès relatif sur le chemin de fer de Middleton à Leeds, chemin de fer tout industriel bien entendu.

LOCOMOTIVE BRUNTON

Vers la même époque, un ingénieur habile pourtant, Brunton, ne croyant pas pouvoir vaincre la difficulté imaginaire, chercha à la tourner par un autre procédé.

Ne voulant pas changer les rails du chemin de fer, sur lequel il devait agir, il modifia son moteur; ne chercha plus à lui donner son point d'appui sur les roues qui le portaient, mais sur des espèces de béquilles, placées à l'arrière de la machine et qui s'appuyaient sur le sol et se relevaient alternativement, à peu près comme les jambes d'un cheval.

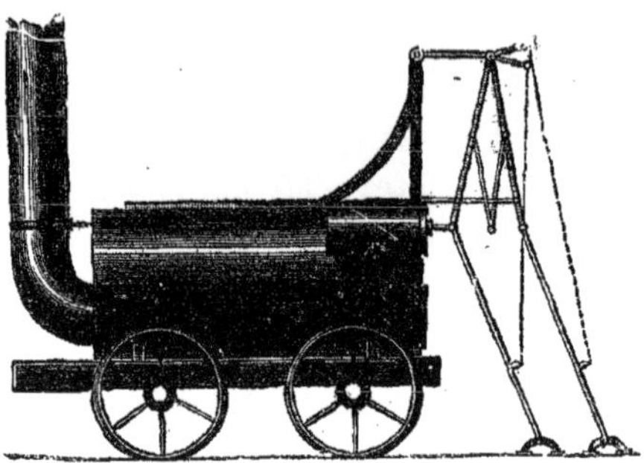

Locomotive à jambes de Brunton.

LOCOMOTIVE BLACKETT

En 1813, Blackett, mieux avisé, termina par où l'on aurait dû commencer, c'est-à-dire par des expériences réitérées sur le chemin de fer de Wylam, qui démontrèrent que le poids de la locomotive donnait aux roues assez d'adhérence sur les rails, pour les empêcher de tourner sur place.

LOCOMOTIVE STEPHENSON

La fausseté de la théorie primitive démontrée, il n'y avait plus qu'à aller de l'avant; c'est ce que fit George Stephenson, en construisant, en 1820, une locomotive à roues couplées, au moyen d'une chaîne sans fin, qui était aussi supérieure aux anciennes que la *Fusée* devait l'être à celle-ci, d'autant qu'il la perfectionna peu à peu.

Il supprima d'abord son premier système de suspension, qui consistait en cylindres renfermant chacun un piston, solidaire avec la boîte à graisse et actionné par l'eau de la chaudière, et les remplaça par des ressorts; puis, il substitua des bielles d'accouplement aux chaînes sans fin qui rendaient les roues solidaires, enfin il assura l'alimentation de la chaudière, par l'installation d'une pompe puisant l'eau dans un tender attelé à la locomotive.

Locomotive à roues couplées, de G. Stephenson (1815).

Ces machines, tender compris, pesaient environ dix tonnes, et pouvaient remorquer trente tonnes à une vitesse de dix kilomètres à l'heure.

Ces chiffres font sourire, mais ils sont beaux pour l'époque; du reste, on ne constata aucun progrès dans la construction des locomotives jusqu'en 1825, époque à laquelle Hacworth imagina de disposer les cylindres moteurs latéralement à la chaudière et de limiter leur action sur un seul essieu, ce qui était parfaitement suffisant puisque le mouvement était renvoyé à l'autre essieu par les bielles d'accouplement.

En 1827, le chemin de fer de Saint-Étienne à Lyon, qui

allait s'ouvrir, fit venir pour son exploitation deux locomotives de Stephenson. L'ingénieur Marc Seguin, les examinant, fut frappé de leur faible production de vapeur, et y remédia en leur appliquant le perfectionnement qu'il venait d'apporter aux chaudières des bateaux du Rhône, c'est-à-dire le système tubulaire.

Stephenson apprit cette modification et les résultats qu'elle produisait et l'adapta immédiatement à sa locomobile la *Fusée*, qu'il construisit en vue du concours ouvert en 1829, par les directeurs du chemin de fer de Liverpool à Manchester, en y ajoutant son système de tirage par l'injection de la vapeur perdue dans la cheminée, rendu indispensable par la multiplicité des tubes, qui, en divisant les produits de la combustion, ralentissait le tirage.

La *Fusée*, sortie des ateliers de George et Robert Stephenson, eut un succès retentissant; elle remorquait 13,000 kilogrammes à la vitesse de vingt-deux kilomètres et demi à l'heure; sans charge, elle pouvait faire quarante kilomètres à l'heure.

Il va sans dire que Stephenson la perfectionna, qu'il lui donna plus de puissance, en augmentant progressivement le nombre des tubes de la chaudière, qui ne fut d'abord que de 25; en remplaçant les cylindres horizontaux, placés dans la boîte à fumée, entre les roues, pour leur restituer en partie la chaleur qu'ils perdaient au contact de l'air ambiant.

Mais, nous nous arrêtons là; car cette machine est le vrai point de départ de la locomotive d'aujourd'hui, que nous allons essayer de d'écrire aussi clairement et aussi succinctement que possible, à l'aide de nombreuses gravures.

LOCOMOTIVE MODERNE

Toute locomotive, quel que soit son genre de construction, comprend trois parties essentielles qui se distinguent au premier coup d'œil :

L'appareil producteur de la vapeur, chaudière, foyer, etc.

L'appareil récepteur, c'est-à-dire les pistons auxquels la vapeur imprime un mouvement de va-et-vient.

La Fusée. — Locomotive de George Stephenson.

Et l'appareil moteur qui transmet le mouvement aux roues de la locomotive.

Examinons chacun en détail, en nous reportant aux trois

Locomotive. — Coupe longitudinale.

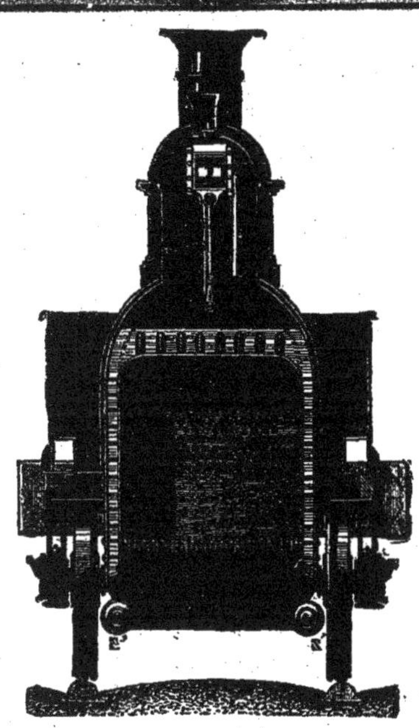

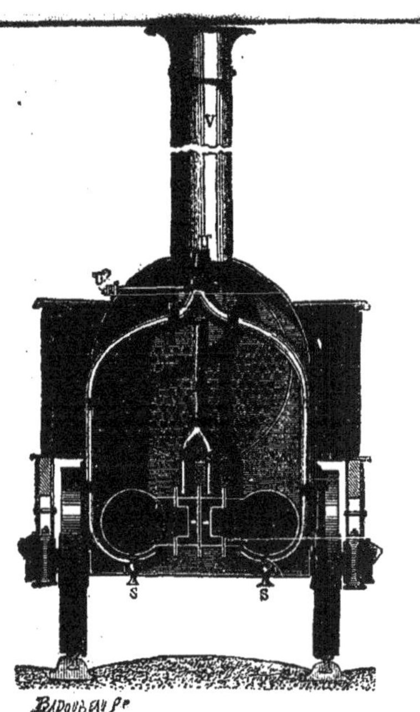

Locomotives.

Coupe par la boîte à fumée.

Coupe par la boîte à feu.

figures des pages 10 et 11 qui donnent une coupe longitudinale de la locomotive et deux coupes transversales : côté de l'arrière, et côté de l'avant.

L'appareil producteur se compose de trois parties principales : le foyer A, qu'on appelle aussi la boîte à feu ; le corps cylindrique B, qui est la chaudière proprement dite et la boîte à fumée C, couronnée par la cheminée de la locomotive.

La boîte à feu, de forme rectangulaire et entourée d'eau sur quatre de ses faces, est divisée en deux parties très inégales, par la grille destinée à supporter le coke ou le charbon de terre, que le chauffeur y jette par la porte A.

Cette grille est horizontale lorsque le combustible adopté est le coke, et à gradins inclinés si l'on brûle de la houille, mais dans tous les cas ses barreaux doivent être mobiles et disposés de façon à ce que le chauffeur puisse les enlever promptement quand besoin est d'éteindre son feu.

Au-dessous de la grille est le cendrier, caisse en tôle, dans laquelle tombent les fragments de coke enflammé, et l'amas des escarbilles qui interceptent bientôt l'air que le cendrier devrait donner au foyer et nuisent ainsi un peu au tirage.

La chaudière, ou corps cylindrique, se compose d'un certain nombre de tubes en laiton de 4 à 5 centimètres de diamètre, qui varie entre 100 et 300, selon les machines.

Ces tubes ne sont pas posés immédiatement les uns sur les autres, il faut au contraire que l'eau circule autour d'eux dans la chaudière, qu'ils ne font d'ailleurs que traverser, étant fixés aux deux bouts du corps cylindrique et s'ouvrant d'un côté sur la boîte à feu et de l'autre sur la boîte à fumée.

Le but de ces tubes, inventés par l'ingénieur français Marc Seguin, vers 1825, et adoptés depuis par Stephenson, est d'augmenter considérablement la surface de chauffe ; en effet, l'air chaud, la fumée qui se dégagent du foyer, sont obligés de passer par ces tubes qui communiquent leur chaleur à l'eau qui se trouve logée entre leurs intervalles, et la mettent promptement en ébullition, ce qui explique la quantité de vapeur, prodigieuse pour l'étroit espace qui lui est réservé, que développe la chaudière des locomotives.

Ce système, outre l'immense avantage que nous venons de

faire ressortir, en a encore un autre non moins appréciable : c'est qu'avec lui l'explosion de la chaudière est impossible, et cela s'explique facilement, car en supposant que la vapeur mal réglée vienne à acquérir une pression dangereuse, qui cédera d'abord? ce n'est pas l'enveloppe extérieure de la chaudière, mais bien les tubes d'une épaisseur beaucoup moindre et d'ailleurs infiniment plus exposés. Or, si les tubes crèvent, qu'arrive-t-il? l'eau pénètre dans le foyer et éteint le feu, ce qui localise l'accident et prévient tout danger subséquent.

Nous avons dit que l'air chaud et la fumée traversaient les tubes de la chandière, on a compris naturellement que ces produits de la combustion se rendaient dans la boîte à fumée C, et de là s'échappaient par la cheminée V, mais on a dû remarquer que cette cheminée était bien courte pour donner le tirage nécessaire.

Le remède à cet inconvénient a été trouvé par Stephenson, qui a utilisé la vapeur perdue à produire un tirage assez énergique, non seulement pour pousser la fumée au dehors, mais encore pour activer la combustion du foyer, à telles enseignes qu'on est souvent obligé de modérer ce tirage au moyen d'un régulateur, composé de deux valves qui peuvent se rapprocher ou s'élargir à volonté par le jeu d'une tige U placée extérieurement.

A cet effet, la vapeur qui a déjà servi à mettre en mouvement la locomotive est amenée dans la cheminée par deux tuyaux TT, qui se réunissent en un seul au point U pour se précipiter par la cheminée.

Occupons-nous maintenant des différents organes de la chaudière.

Le premier, le plus important de tous, est le tuyau de prise de vapeur; il est représenté dans notre dessin par E. E. E.

La vapeur qui se forme en dessus du niveau de l'eau, dans la chaudière, niveau qui ne dépasse que de quelques centimètres le tube le plus élevé, s'emmagasine d'abord dans une espèce de dôme situé au-dessus du foyer, et à une assez grande distance du niveau de l'eau pour que la vapeur soit sèche, c'est-à-dire qu'elle ne renferme pas de gouttelettes d'eau en suspension.

C'est dans ce dôme, qu'on appelle réservoir de vapeur, que s'alimente le tuyau E pour distribuer la force motrice comme nous le verrons tout à l'heure.

Régulateur à papillon.

Au moyen d'une manivelle G, placée sous sa main, le mécanicien peut régler à son gré la prise de vapeur, car la manivelle agit à l'aide d'un levier de renvoi H, sur un registre F qui ouvre ou ferme à volonté l'ouverture du tuyau E.

C'est ce qu'on appelle le *régulateur*, il y en a naturellement de plusieurs sortes, les plus connus sont : le régulateur à papillon et le régulateur à tiroirs.

Le premier, adapté à l'orifice du tuyau de prise de vapeur, se compose d'un disque circulaire, percé d'ouvertures et tournant devant un autre disque percé d'ouvertures de même grandeur.

Si les ouvertures se correspondent, le tuyau de vapeur est ouvert en grand, sinon il est plus ou moins fermé, selon que les deux disques laissent des ouvertures plus ou moins grandes.

Le mécanisme de cet appareil se meut au moyen de deux bielles latérales articulées à la tige, qui est sous la main du mécanicien.

Le régulateur à tiroirs, adapté seulement aux machines qui ont deux tuyaux pour conduire la vapeur aux cylindres, est placé à leur point d'intersection, c'est-à-dire presque au sommet du réservoir de vapeur, l'orifice du tuyau de prise est un peu en dessous; la tringle que commande le mécani-

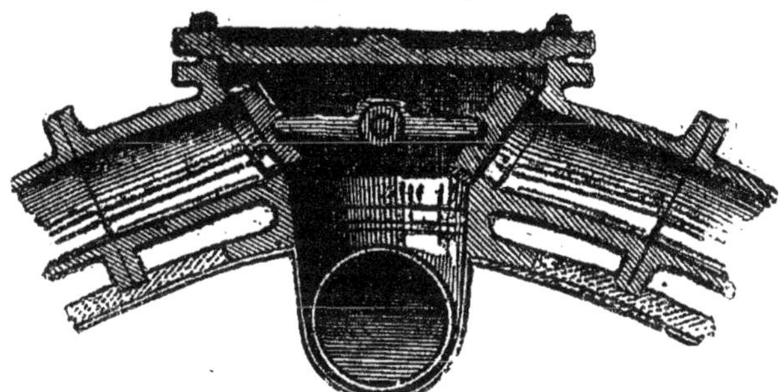

Régulateur à tiroirs.

cien met en mouvement deux tiroirs obliques percés de lumières et reliés par une tige, qui glissent dans le sens de la longueur de la locomotive; la position de ces tiroirs, par rapport aux orifices des tuyaux d'échappement, règle l'admission plus ou moins complète de la vapeur dans ces tuyaux.

En somme, c'est toujours le même principe, il n'y a que les moyens qui diffèrent.

Ils diffèrent encore bien plus dans les machines nouvelles qui ont plus ou moins abandonné la disposition en dôme des réservoirs de vapeur.

Parmi les autres organes de la chaudière il faut remarquer :

1° Les *soupapes* de sûreté ; elles sont quelquefois au nombre de deux, placées au sommet du réservoir de vapeur, et mues par le même mécanisme, indiqué sur notre dessin par les lettres I et Y.

I est la soupape chargée par un levier dont l'extrémité coudée agit sur un ressort à boudin placé dans la boîte Y et le fait fléchir plus ou moins selon la pression de la vapeur. On comprend alors le rôle de la soupape, car si la pression passait les limites voulues, le levier se soulèverait entraînant avec lui la soupape, et le surcroît de vapeur s'échapperait par l'ouverture.

2° Le *manomètre*. — La pression est indiquée au levier de la soupape par une aiguille, mais le mécanicien a mieux que cela.

Sous ses yeux est un manomètre, instrument de précision qui lui indique à chaque instant, en atmosphères, la mesure de la pression qui s'exerce à l'intérieur de la chaudière.

Ce qu'on appelle, en langage industriel, une atmosphère, est l'équivalent de la pression atmosphérique qu'exerce sur sa base, une colonne de mercure haute de soixante-seize centimètres.

Il y a aujourd'hui tant de sortes de manomètres qu'il faut renoncer à les décrire tous et se borner au plus ancien, le manomètre à air comprimé et au plus connu, le manomètre Bourdon.

Le manomètre à air comprimé repose sur ce principe connu en physique sous le nom de *loi de Mariotte*, qui veut qu'une quantité donnée de gaz, diminue de volume, exactement en proportion de la pression qu'elle subit.

Il se compose, comme l'indique notre dessin, page 17, d'un tube à deux branches, dont une extrémité communique avec la vapeur, par le tuyau *d*, et dont l'extrémité fermée est remplie d'air comprimé, qui agit sur une colonne de mercure, en raison inverse de la pression qu'il supporte.

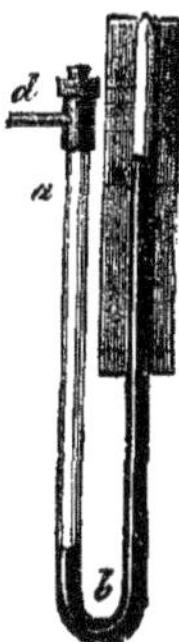

Manomètre à air comprimé.

D'où il s'ensuit que le mercure indique exactement cette pression, exprimée en atmosphères, sur l'échelle graduée qui accompagne le tube, dans lequel il est enfermé.

L'instrument est réglé de façon que le mercure soit au même niveau dans les deux branches, quand la pression égale une atmosphère. Cette pression augmente-t-elle? Le niveau s'élève en *c*, mais à des hauteurs décroissantes pour d'égales augmentations de pression. Ce qui est l'inconvénient du système, car l'instrument devient de moins en moins sensible, à mesure que la pression augmente.

On a remédié à peu près à cet inconvénient par une disposition nouvelle (voir page 18), c'est-à-dire en donnant la forme conique à la branche qui renferme l'air comprimé, de façon à ce que la section de ce tube, diminuant progressivement, les divisions de l'échelle puissent être à peu près égales.

Cela permet seulement de lire plus aisément les indications des pressions élevées, mais cela ne donne pas à l'instrument les garanties d'exactitude qu'on trouve dans les manomètres à air libre; il y a pour cela deux raisons : d'abord, que les pièces qui subissent la pression de la vapeur s'altèrent par l'usage; ensuite, que le mercure s'oxyde au contact de l'air comprimé, ce qui diminue le volume d'air et occasionne des erreurs en plus, dans l'indication des pressions.

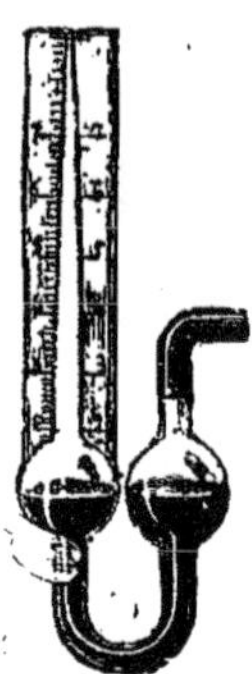

Manomètre à tube conique.

Le manomètre de Bourdon, type des manomètres métalliques, qui sont les plus communément employés, est infiniment plus simple : il n'a pas besoin d'air comprimé, et par conséquent de mercure.

Il repose sur le principe assez récemment découvert que : lorsqu'on met en communication avec la vapeur, sortant d'une chaudière, une spirale de cuivre creuse et à section ellipsoïdale, la vapeur, agissant à l'intérieur de ce conduit, tend par son effort à le redresser d'une quantité proportionnelle à la pression; il n'y a donc plus qu'à adapter à l'extrémité libre de la spirale, une aiguille qui indiquera, sur un cadran, les degrés d'allongement du métal, correspondant à la pression de la vapeur.

C'est ce qu'a fait M. Bourdon. Dans son instrument représenté page 19, la vapeur introduite par la tubulure R, pénètre dans le tuyau creux *ab*, fermé à son extrémité *b*, et dont la section transversale est une ellipse allongée.

La pression de la vapeur gonfle légèrement ce tuyau, qui tend alors à se dérouler ; l'extrémité *b* se déplace, et au moyen d'un levier de transmission, ou même directement, entraîne l'aiguille *e*, qui fait ses indications sur un cadran divisé en atmosphères.

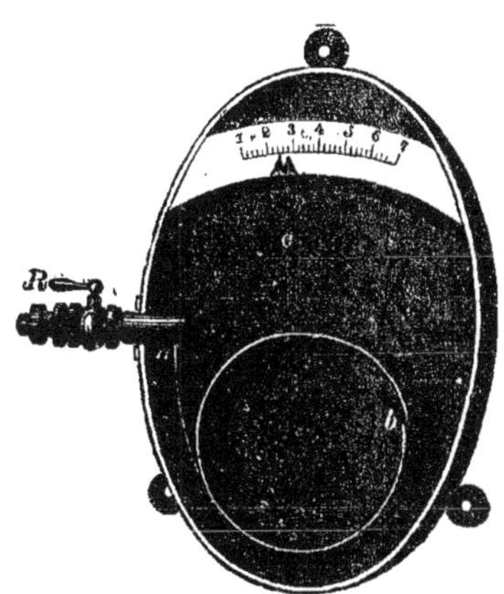

Manomètre Bourdon.

Les formes, les dispositions de ce manomètre sont très variées ; il y en a de ronds, d'ovales ; il y en a dont les tubulures sont placées au-dessus ou au-dessous du cadran et diversement contournées selon la disposition des chaudières, mais c'est toujours le même système.

3° Le *sifflet*. — Le sifflet à vapeur, dont le bruit strident est si agaçant pour le voyageur, mais dont les signaux sont si utiles au service, est indiqué sur notre dessin par la lettre X.

Il se compose d'une sorte de timbre en bronze, ne s'ajustant pas exactement sur une coupe qui, lorsque le mécanicien tourne le robinet, laisse échapper la vapeur par une fente circulaire.

Le jet de vapeur frappe alors le timbre et produit, en sifflant, les différentes modulations que le mécanicien peut régler, selon la façon dont il fait mouvoir le levier, qui ouvre ou ferme, à sa volonté, le conduit vertical communiquant avec le réservoir à vapeur.

Le sifflet à vapeur.

Coupe du sifflet.

4° La *pompe alimentaire*, dont les tuyaux sont indiqués sur notre dessin, Z'Z.

Cet appareil, actionné par le mouvement même de la machine, comme nous le verrons plus loin, a pour objet de puiser dans le tender et d'amener de l'eau dans la chaudière, et ses dimensions sont calculées pour que le liquide amené dans un temps donné, soit en quantité égale à celui qui disparaît sous forme de vapeur.

Ce qui permet de maintenir dans la chaudière le niveau de l'eau à une hauteur à peu près constante, mais il est facile de rectifier le travail de la pompe, si besoin est, car au moyen d'un tube de verre qui communique avec la chaudière, le mécanicien peut constater à chaque instant la position du niveau.

Outre ce tube indicateur, le mécanicien a encore sous la

main deux robinets qui ne manqueraient pas de le renseigner et qu'il consulte d'ailleurs la nuit; le premier, placé au-dessous

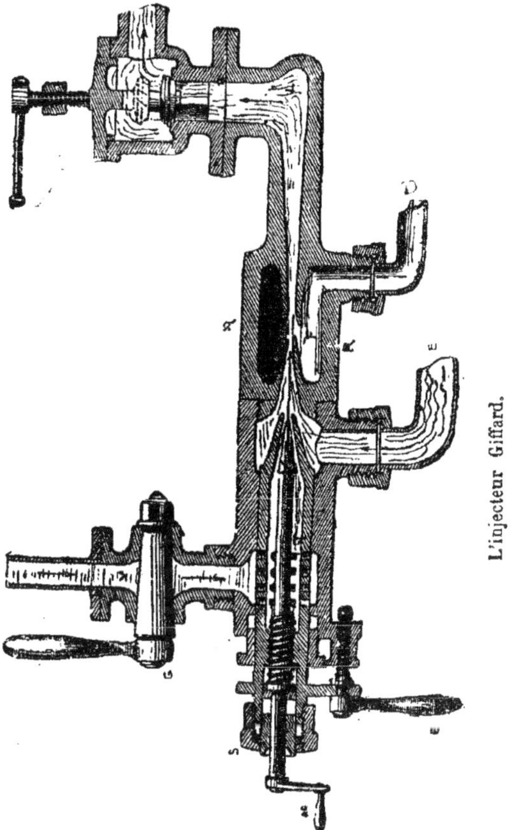

L'injecteur Giffard.

du niveau, doit toujours donner de l'eau, le second, qui est au-dessus, doit toujours laisser échapper de la vapeur.

Nous ne nous appesantirons pas sur le mécanisme, d'ailleurs assez simple, des pompes alimentaires, car il n'en existe presque plus ; elles ont été remplacées sur presque toutes les locomotives par un appareil fort ingénieux, qui a fait la fortune et la réputation de M. Henri Giffard et qu'on appelle *injecteur Giffard*.

Cet appareil automoteur, qui repose sur le principe de la communication latérale du mouvement des fluides, se compose d'un tube en cuivre S, dans lequel on peut faire mouvoir un autre tube T, terminé en cône en face du tuyau E, qui amène l'eau dans l'appareil.

Cette eau est chassée par l'effet de la vapeur, arrivant par les petits trous dont le conduit est percé, et s'injecte dans la chaudière par l'extrémité du cylindre coudé en L... non seulement seule, mais encore avec la vapeur qui s'est condensée à son contact.

L'opération peut être suivie au moyen des regards R et R', pratiqués de chaque côté du cylindre, par lesquels on constate que l'eau d'alimentation coule bien par le conduit L, et les petites quantités qui s'en échappent s'accumulent dans les cavités F. F ; d'où il est facile de les chasser en ouvrant le robinet de purge D.

Rien de plus aisé, du reste, que l'emploi de cet injecteur ; au moyen du robinet G et de la manivelle M, agissant sur une tringle fixe contenue dans le tube T, on règle l'arrivée et la sortie de la vapeur.

Les deux poignées E et M servent à rapprocher, plus ou moins, l'extrémité conique du tube T de l'orifice du tuyau E pour régler la quantité d'eau qu'on veut injecter dans la chaudière.

Passons maintenant à la deuxième partie de la locomotive.

APPAREIL RÉCEPTEUR

L'appareil récepteur se trouve placé à l'avant de la locomotive, il se compose, de chaque côté de la machine, d'un cylindre contenant un piston moteur.

Nous savons déjà que la vapeur est prise dans le réservoir par le tuyau E. E. E. dont on peut suivre le développement sur notre coupe longitudinale.

Comme on le voit, ce tuyau, qui se bifurque à droite et à gauche, aboutit de chaque côté, au bas de la boîte à fumée, dans un récipient nommé cylindre, qui contient l'organe de distribution qu'on appelle le tiroir, lequel est indiqué par la lettre D.

C'est la cheville ouvrière de la machine; c'est lui qui permet d'introduire la vapeur tantôt à droite et tantôt à gauche du piston et conséquemment de le faire mouvoir dans un sens ou dans l'autre.

Deux dessins feront mieux comprendre le jeu du tiroir, qu'il faut d'abord se représenter comme une caisse rectangulaire s'appliquant sur sa base renversée, exactement sur le côté du cylindre à vapeur, mais mobile sur ce plan, au moyen d'une tige qui lui communique un mouvement de va-et-vient nécessaire à l'introduction de la vapeur, dont la direction dans nos deux dessins ci-contre est indiquée par des flèches.

Examinons d'abord la première position : A indique le tuyau de prise de vapeur, qui dans notre dessin d'ensemble est appelé E. E. E.; la vapeur arrivant par ce tuyau remplit la boîte B qui contient le tiroir F, mais, ne pouvant pénétrer dans l'intérieur du tiroir, elle s'échappe par le conduit recourbé E et pénètre dans le cylindre D en poussant devant elle le piston P, qui s'achemine alors de la gauche vers la droite.

Naturellement, la vapeur qui se trouvait à droite du piston est repoussée du même coup et n'ayant pas d'autre issue, s'échappe par le conduit C, d'où elle pénètre dans le tiroir, puis dans le conduit G qui, se recourbant au-dessous du cylindre rejoint le tuyau H, par où la vapeur perdue s'élance dans la cheminée.

Mais pendant la seconde partie du mouvement du piston,

Mécanisme du tiroir, première position.

le tiroir J, dont la course est juste moitié moindre et qui fait par conséquent deux mouvements contre un du piston, s'est placé à sa seconde position.

Mécanisme du tiroir, deuxième position.

Alors le mécanisme est le même en sens contraire; c'est-à-dire que la vapeur arrivant dans le cylindre par le tuyau A s'échappe à droite par le conduit C et, pénétrant dans le cylindre D, oblige le piston P à un mouvement de la droite vers la gauche.

On comprend alors que ces oscillations répétées puissent communiquer le mouvement à la machine, d'autant qu'on sait qu'il y a un appareil récepteur de chaque côté, et que le mouvement des tiroirs est réglé de façon que les deux pistons marchent toujours en sens contraire; c'est-à-dire que l'un marche de la droite vers la gauche, tandis que l'autre va de la gauche vers la droite, ce qui permet au mouvement d'être continu; comme nous allons le voir tout à l'heure, mais avant, disons un mot des accessoires du récepteur.

Il n'y a guère à citer que les robinets purgeurs, indiqués sur nos dessins d'ensemble par les lettres S S.

Ils servent à faire écouler l'eau provenant de la condensation de la vapeur, qui s'accumule toujours dans les cylindres lorsqu'ils ne sont pas encore échauffés, c'est-à-dire au commencement de la mise en marche.

C'est une précaution utile; on n'en saurait trop prendre avec un instrument aussi délicat que la locomotive.

APPAREIL MOTEUR

Si l'on a suivi notre description, la transmission du mouvement est maintenant bien facile à comprendre, puisqu'on connaît le jeu des pistons.

En effet, il ne s'agit plus que de mettre les pistons en communication avec l'essieu M, qui porte les roues motrices, et de transformer leur mouvement de va-et-vient en un mouvement circulaire continu, ce qui n'est une chose ni difficile ni neuve, puisque l'application en est faite tous les jours sous nos yeux par la meule du rémouleur, le rouet à pédale et la machine à coudre.

Pour les locomotives, il fallait faire plus parfait, aussi l'essieu M porte-t-il deux coudes, qui sont en sens contraire et entourés à leur extrémité par un anneau terminant une tige de fer, qu'on appelle *bielle* et qui reçoit le mouvement de va-et-vient de l'un des pistons.

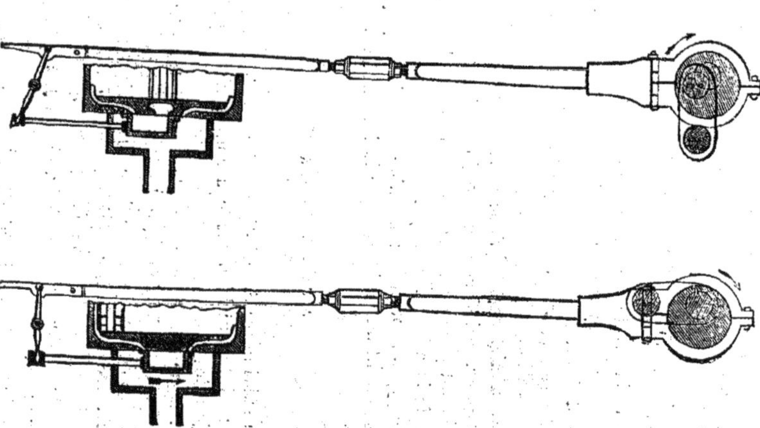

Excentriques manœuvrant les tiroirs.

Comme il y a deux pistons, qui marchent toujours en sens contraire, l'essieu coudé reçoit un mouvement continu, sans temps d'arrêt, et tourne en entraînant avec lui les roues motrices qui le portent.

Ces roues, adhérant d'autant plus aux rails que la machine est plus pesante, se développent sur la voie ferrée, de façon que chacune de leur rotation imprime à la locomotive une marche en avant, égale à leur circonférence.

D'où il s'ensuit que plus les roues motrices sont grandes, plus la locomotive peut acquérir de vitesse.

Maintenant, veut-on quelques détails sur le fonctionnement des bielles, rien de plus simple à l'aide de notre coupe longitudinale.

Les deux bielles I s'articulent avec la tige de chaque piston, encastrée dans une sorte de cadre métallique qu'on appelle *glissière*, elles en reçoivent naturellement le mouvement, qu'elles communiquent à l'essieu par son coude formant manivelle.

Ces deux manivelles sont disposées à angle droit l'une sur l'autre, de façon à ce que des deux bielles qui y sont fixées, l'une se trouve toujours au point le plus avantageux de sa course, tandis que l'autre est au point le plus faible qu'on appelle le *point mort*; ce qui fait qu'il est impossible que le mouvement ne soit pas continu.

En somme, l'action de la vapeur ne s'exerce que sur les roues motrices, les autres sont tout bonnement entraînées par le mouvement et n'ont d'autre but que d'équilibrer la machine.

Fort bien, dira-t-on, les roues motrices sont actionnées par l'essieu, l'essieu par les bielles, les bielles par les pistons, les pistons par les tiroirs, mais qui communique le mouvement aux tiroirs?

La vapeur d'abord, qui a une action directe suffisante sur les pistons pour mettre la machine en action, et l'essieu coudé ensuite.

A cet effet, il porte deux *excentriques* N N, qui, au moyen des deux bielles O O, qu'on appelle *barres d'excentrique*, transmettent le mouvement qu'ils reçoivent de l'essieu à la tige du tiroir, par l'intermédiaire d'un organe spécial P qu'on appelle *coulisse.*

C'est la fameuse coulisse de Stephenson, sans laquelle on ne pouvait que se porter en avant, sans avoir la faculté de renverser la vapeur pour faire ce qu'on appelle machine en arrière.

Et c'est pour obtenir ce résultat qu'il faut deux excentriques et deux bielles de chaque côté, l'une produisant le mouvement du tiroir, l'autre permettant de le changer, en faisant passer brusquement le tiroir à la position inverse de celle qu'il devrait occuper normalement; ce qui est rendu très facile au mécanicien au moyen des leviers de renvoi R R, qui se terminent par la manette Q placée à sa portée, à côté du réservoir de vapeur.

La coulisse de Stephenson ne sert pas seulement à changer la marche de la locomotive (ce qui s'explique très facilement si l'on se rappelle le jeu des tiroirs), elle est aussi utilisée à modifier la longueur de course des tiroirs, précaution souvent nécessaire pour équilibrer, selon les besoins de la marche, la prise et le renvoi de vapeur dans les cylindres et réaliser ainsi des économies importantes, soit en diminuant la dépense de vapeur, soit en augmentant la puissance de locomotion.

Mais ce n'est là qu'une application, que l'expérience seule du mécanicien peut mettre à profit; revenons à notre description générale, en nous occupant du tender qui n'est pas simplement un accessoire, sa présence après la locomotive est de première nécessité, car il porte l'eau et le combustible qu'il faut pour l'alimenter.

Le tender est un wagon, construit spécialement, monté comme la locomotive (comme toutes les autres voitures du reste) sur un châssis portant sur des ressorts. Il se compose d'abord, d'un réservoir en tôle contenant de 5 à 8,000 litres d'eau, selon la puissance de la locomotive qu'il doit servir.

Ce réservoir entoure, en forme de fer à cheval, un espace où l'on emmagasine de mille à trois mille kilogrammes de coke ou de charbon de terre, à la disposition du chauffeur.

Ces deux charges, qui diminuent au fur et à mesure de la consommation de la locomotive, mais qu'on renouvelle en route, se trouvent aussi réparties également sur la surface du wagon.

N'oublions pas que, pour introduire l'eau dans la caisse d'où partent les tuyaux d'aspiration des pompes d'alimentation, on se sert d'une espèce d'entonnoir conique percé de trous qui plonge dans l'arrière de la caisse.

Cet entonnoir, dans lequel on introduit le boyau de cuir de la grue hydraulique, a pour but de filtrer en quelque sorte l'eau d'approvisionnement et d'empêcher les détritus et les impuretés qu'elle pourrait contenir de pénétrer dans la chaudière par les tuyaux d'aspiration.

Outre l'eau et le combustible, le tender porte, dans des boîtes, divers ustensiles et pièces de rechange, dont on peut avoir besoin en route, aussi bien qu'un assortiment de ficelles, de graisse, de chiffons, toujours utile.

Muni d'un frein, il est ordinairement relié à la locomotive

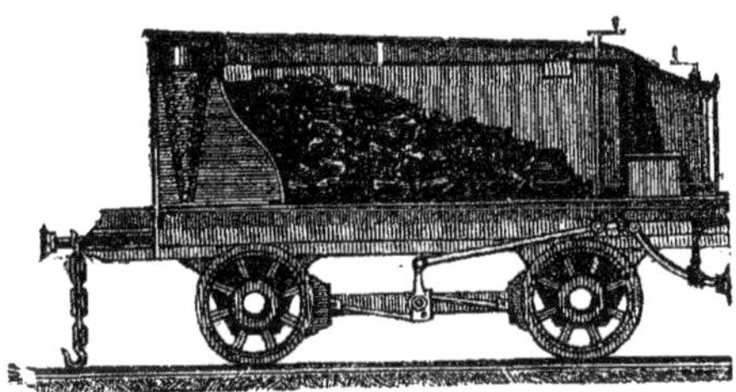

par une barre d'attelage et deux chaînes de sûreté, et ouvert à son avant, pour que la communication soit facile.

Ceci soit dit pour les tenders indépendants, car beaucoup maintenant ne font qu'un corps avec les machines, que l'on appelle des locomotives-tenders.

Tel est le principe de la locomotive de chemin de fer, principe auquel il a été et il sera vraisemblablement encore apporté de nombreuses modifications, d'autant que les besoins très divers d'une exploitation colossale, et plu encore, peut-être le génie des inventeurs, ont fait naître petit à petit une variété de locomotives dont les types remarquables augmentent tous les jours, et qui seront prochainement étudiés dans un petit volume de cette collection.

L. Huard.

TABLE DES MATIÈRES

Sceaux. — Imp. Charaire et Cie

www.ingramcontent.com/pod-product-compliance
Ingram Content Group UK Ltd.
Pitfield, Milton Keynes, MK11 3LW, UK
UKHW021029200726
13857UKWH00004B/1678